选材版

突破经典
家装案例集

TUPO JINGDIAN JIAZHUANG ANLIJI

突破经典家装案例集编写组/编

客　厅

机械工业出版社
CHINA MACHINE PRESS

对于每个家庭来说，家庭装修不仅要有好的设计，材料的选择更是尤为重要，设计效果最终还是要通过材质来体现的。要想选到又好又适合自己的装修材料，了解装修材料的特点以及如何进行识别、选购，显然已成为业主考虑的重点。"突破经典家装案例集"包含了大量优秀家装设计案例，包括《背景墙》《客厅》《餐厅、玄关走廊》《卧室、书房、厨房、卫浴》《隔断、顶棚》五个分册。每个分册穿插材质的特点及选购等实用贴士，言简意赅，通俗易懂，让读者对自己家装风格所需要的材料色彩、造型有更直观的感受，在选材过程中更容易选到称心的装修材料。

图书在版编目（CIP）数据

突破经典家装案例集：选材版. 客厅 ／《突破经典家装案例集：选材版》编写组编. — 北京：机械工业出版社，2015.3
ISBN 978-7-111-49687-8

Ⅰ．①突… Ⅱ．①突… Ⅲ．①住宅－客厅－室内装修－装修材料 Ⅳ．①TU56

中国版本图书馆CIP数据核字(2015)第052910号

机械工业出版社（北京市百万庄大街22号　邮政编码 100037）
策划编辑：宋晓磊　　　　　　　　责任编辑：宋晓磊
责任印制：乔　宇　　　　　　　　责任校对：白秀君
保定市中画美凯印刷有限公司印刷

2015年4月第1版第1次印刷
210mm×285mm·6印张·195千字
标准书号：ISBN 978-7-111-49687-8
定价：29.80元

凡购本书，如有缺页、倒页、脱页，由本社发行部调换
电话服务　　　　　　　　　　　　网络服务
服务咨询热线:(010)88361066　　　机工官网:www.cmpbook.com
读者购书热线:(010)68326294　　　机工官博:weibo.com/cmp1952
　　　　　　　(010)88379203　　　教育服务网:www.cmpedu.com
封面无防伪标均为盗版　　　　金书网:www.golden-book.com

实木复合地板的构造

实木复合地板是将优质实木锯切、刨切成表面板、芯板和底板单板，然后将三种单板依照纵向、横向、纵向三维排列方法，用胶水粘贴起来，并在高温下压制成板，分三层和多层两种。三层实木复合地板表层为优质名贵木材薄片，中间和底层为速生木材。多层实木复合地板以多层胶合板为基材，表层为硬木片镶拼板或刨切单板。

紧凑型客厅

红砖

手绘墙饰

木质搁板

实木复合地板

黑色烤漆玻璃

黑色烤漆玻璃

白枫木装饰立柱

米色网纹大理石

皮纹砖

有色乳胶漆

水曲柳饰面板

纯纸壁纸

陶瓷马赛克

米色抛光墙砖

布艺装饰硬包

密度板拓缝

白色乳胶漆

羊毛地毯

纯纸壁纸

白枫木格栅

有色乳胶漆

米黄色网纹大理石

雕花烤漆玻璃

米色大理石

纯纸壁纸 ·········

黑色烤漆玻璃 ·········

艺术地毯 ·········

白枫木窗棂造型

仿古砖

黑镜装饰条

木纹大理石

混纺地毯

直纹斑马木饰面板

纯纸壁纸

实木复合地板的选购

1.查环保指标。使用脲醛树脂制作的实木复合地板都存在一定的甲醛释放量,环保实木复合地板的甲醛释放量必须符合国家标准要求。

2.找知名品牌。即使是用高端树木板材制成的实木复合地板,质量也参差不齐。所以在选购实木复合地板时,最好购买品牌影响力比较大的。大品牌的售后通常都比较正规,出了问题可以找商家去解决。

3.选合适的颜色。地板颜色应根据家庭装饰面积的大小、家具颜色、整体装饰格调等因素而定:面积大或采光好的房间,用深色实木复合地板会使房间显得紧凑;面积小的房间,用浅色实木复合地板会给人以开阔感,使房间显得明亮。家具颜色深时,可用中色地板进行调和;家具颜色浅时,可选一些暖色地板。

雕花清玻璃

实木复合地板

木纤维壁纸

植绒壁纸

艺术墙贴

雕花银镜

水曲柳饰面板

银镜装饰条

羊毛地毯

木质踢脚线

密度板造型贴灰镜

车边银镜

手绘墙

木纤维壁纸

白枫木饰面板拓缝

木质搁板

有色乳胶漆

钢化玻璃　　　　　　　　　　　　　　　　　　茶色镜面玻璃

有色乳胶漆

雕花银镜

白色乳胶漆

木纹大理石

白色釉面墙砖

茶色镜面玻璃

中花白大理石 ....

木纹亚光玻化砖 ....

米色网纹大理石 ....

茶色镜面玻璃

密度板雕花贴茶镜

密度板雕花隔断

木纤维壁纸

强化地板的选购

　　强化地板也叫复合木地板、强化木地板。一些企业出于不同的目的，往往会自己命名，例如，超强木地板、钻石型木地板等，不管其名称多么复杂、多么吸引人，这些板材都属于强化地板。强化地板的价格选择范围大，各阶层的消费者都可以找到适合自己的款式。强化地板耐污、抗酸碱性好，防滑性能好，耐磨、抗菌，不会虫蛀、霉变，尺寸稳定性好，不会受温度、湿度影响而变形，色彩、花样丰富。

强化复合木地板

白色乳胶漆

水曲柳饰面板

轻钢龙骨装饰横梁

黑色烤漆玻璃

浅咖啡色网纹大理石

纯纸壁纸

热熔玻璃

羊毛地毯

米黄色玻化砖

米色亚光玻化砖

强化复合木地板

皮革软包

咖啡金花大理石波打线

雕花银镜

茶色烤漆玻璃

绿色烤漆玻璃

艺术地毯

灰镜装饰条

中花白大理石

木质装饰横梁

仿古砖

木纤维壁纸

文化石

木纤维壁纸

仿古砖

纯纸壁纸

石膏板拓缝

纯纸壁纸

木纹玻化砖

白枫木装饰线　　　　　　　　　　　　　　　胡桃木装饰横梁

爵士白大理石　　　　　　　　　　　　　　　黑镜装饰条

车边银镜　　　　　　　　　　　　　　　　　PVC壁纸

竹地板的特点

　　竹地板是一种新型的建筑装饰材料，以天然优质竹子为原料，经过20多道工序，脱去竹子原浆汁，经高温、高压拼压，再经过多层油漆，最后通过红外线烘干而成。竹地板带有竹子的天然纹理，清新文雅，给人一种回归自然、高雅脱俗的感觉，兼具原木地板的自然美感和陶瓷地砖的坚固耐用等性能。

木质装饰横梁

密度板雕花贴黑镜

茶镜装饰条

车边银镜

木质格栅吊顶

有色乳胶漆

红樱桃木饰面板

中花白大理石

泰柚木装饰线

实木复合地板

雕花黑镜

白枫木装饰线

纯纸壁纸

黑色烤漆玻璃

白色玻化砖

白枫木装饰线

水曲柳饰面板

木质格栅

黑胡桃木装饰线

茶色镜面玻璃

黑镜装饰条

水曲柳饰面板

实木地板

羊毛地毯

木纤维壁纸

泰柚木饰面板

黑晶砂大理石

黑色烤漆玻璃

陶瓷马赛克

木质格栅

茶镜装饰条

有色乳胶漆

米黄色洞石

米黄色大理石

白桦木饰面板

米色亚光玻化砖

黑色烤漆玻璃

竹地板的选购

　　在选购竹地板时，宜先看面漆上有无气泡，是否清新亮丽，竹节是否太黑，表面有无胶线（一条一条均匀、顺长的直线，是加工工艺不精细、热压压力不均等原因造成的）。然后再看四周有无裂缝，有无批灰痕迹，是否干净整洁，看背面有无残留的竹青、竹黄。最后还要验货，看实物与样品是否有差距。

胡桃木饰面板

白枫木装饰立柱

木纹大理石

装饰银镜

木纤维壁纸

皮纹砖

皮革软包

羊毛地毯

中花白大理石装饰线

装饰灰镜

密度板树干造型贴黑镜

装饰银镜

白枫木格栅

石膏板拓缝

木纤维壁纸

实木复合地板

中花白大理石

密度板雕花贴黑镜

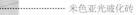

米色亚光玻化砖

植绒壁纸

皮纹砖

艺术墙贴

选购乳胶漆的注意事项

1.很多消费者认为色卡上的涂料颜色和刷上墙的颜色会完全一致，这是一个误区。因光线反射等原因，房间四面墙都涂上漆之后，墙面颜色看起来会比色卡上的颜色深。

2.估算乳胶漆用量是一件很简单的事情，但很多人却忽视了这一点，总是怕买少了，选购的时候就会夸大数量。建议在施工之前，从面积上估算一下材料的使用量，避免相差太大。

3.现在乳胶漆的加工工艺，可以通过添加香精或使用低味材料实现无气味，所以无气味的涂料并非都是环保无毒的。

舒适型客厅

有色乳胶漆

仿古砖

木质踢脚线

深咖啡色网纹大理石波打线

木质踢脚线

白枫木饰面板

茶色镜面玻璃

纯纸壁纸

白枫木装饰线

米白色洞石

纯纸壁纸

米色亚光玻化砖 ·····················•

纯纸壁纸 ·····················•

装饰银镜

雕花银镜

深咖啡色网纹大理石波打线

米黄色洞石

中花白大理石

装饰银镜

银镜装饰线

水曲柳饰面板

中花白大理石

雕花银镜

黑色烤漆玻璃

纯纸壁纸

中花白大理石

石膏板拓缝

米白色网纹大理石

实木复合地板

黑色烤漆玻璃

米黄色大理石

仿古砖

有色乳胶漆

无纺布壁纸的特点

　　无纺布壁纸也叫无纺纸壁纸，是一种高档的壁纸。由于采用天然植物纤维无纺工艺制成，拉力更强，更环保，不发霉发黄，透气性也好。无纺布壁纸产品源于欧洲，因其采用的是纺织中的无纺工艺，所以也叫无纺布，但确切地说应该称作无纺纸。无纺布壁纸具有以下特点：产品色彩纯正，视觉舒适，吸声透气；比普通壁纸更易粘贴，更防水，不易扒缝，无翘曲，接缝不明显，天然品质，零甲醛，延展性好，收缩性小；独特多孔结构，通体透气，防水防潮可调节空气湿度、隔声降噪；手感亲和自然；气味芳香。

仿古砖

无纺布壁纸

车边黑镜

密度板树干造型

茶色烤漆玻璃

皮革软包

羊毛地毯

米白色洞石

混纺地毯

木质装饰立柱

雕花茶镜

石膏板拓缝

茶色镜面玻璃

装饰银镜

有色乳胶漆

黑色烤漆玻璃

银镜装饰条

白色玻化砖　　　　　　　　　　　木质搁板

米白色洞石

布艺装饰硬包

米色亚光墙砖

石膏装饰线

胡桃木饰面板

雕花烤漆玻璃

黑色烤漆玻璃

爵士白大理石

泰柚木饰面板

木纤维壁纸

布艺软包

艺术地毯

纯纸壁纸

米色大理石

仿木纹玻化砖

PVC 壁纸的特点

　　PVC壁纸是使用 PVC这种高分子聚合物作为材料,通过印花、压花等工艺生产制造的壁纸。PVC壁纸有一定的防水性,施工方便。选购时要注意看壁纸表面有无色差、死褶与气泡。最重要的是必须看清壁纸的对花是否准确,有无重印或者漏印的情况。质量好的PVC壁纸看上去自然、有立体感。此外,还可以用手感觉壁纸的厚度是否一致。

密度板雕花隔断

PVC壁纸

布艺软包

米黄色洞石

仿古砖

米黄色亚光玻化砖

胡桃木装饰线

茶镜装饰线

黑色烤漆玻璃

纯纸壁纸

米黄色玻化砖

桦木饰面板

黑色烤漆玻璃

胡桃木窗棂造型隔断

胡桃木装饰线密排

艺术地毯

米色网纹大理石

皮纹砖

黑金花大理石

车边银镜

中花白大理石

白桦木饰面板

仿木纹玻化砖

黑色烤漆玻璃

红樱桃木饰面板

银镜装饰线

中花白大理石

泰柚木饰面板

强化复合木地板

车边银镜

深咖啡色网纹大理石波打线

皮纹砖

强化复合木地板

松木板格栅吊顶

陶瓷马赛克

纯纸壁纸的特点

纯纸壁纸是一种全部用纸浆制成的壁纸，由于这种壁纸使用的是纯天然纸浆纤维，因此透气性好，并且吸水吸潮，故为一种环保低碳的家装理想材料。

纯纸壁纸耐水性相对比较弱，施工时最好要避免表面溢胶，如不慎溢胶，不要擦拭，而应使用干净的海绵或毛巾吸收。如果用的是纯淀粉胶，可等胶完全干透后用毛刷轻刷。纯纸壁纸有较强的收缩性，建议使用能够快速干燥的胶来施工。

木质搁板

纯纸壁纸

仿古砖

黑色烤漆玻璃

白枫木装饰线

白枫木装饰立柱

黑色烤漆玻璃

白枫木装饰线

陶瓷马赛克

白枫木装饰线

米黄色大理石

黑色烤漆玻璃

车边茶镜

纯纸壁纸

米色抛光墙砖

银镜装饰条

陶瓷马赛克拼花

车边银镜

羊毛地毯

米色大理石

车边茶镜

仿古砖

白色釉面墙砖

文化石

密度板雕花贴灰镜

胡桃木装饰线密排

黑镜装饰条 ⋯⋯⋯⋯⋯⋯⋯

木纹大理石 ⋯⋯⋯⋯⋯⋯⋯

银镜装饰条 ⋯⋯⋯⋯⋯⋯⋯

车边灰镜

木质装饰线描金

雕花茶镜

黑色烤漆玻璃

有色乳胶漆

装饰灰镜

金属壁纸的特点

金属壁纸是以金色、银色为主要色彩，面层以铜箔仿金、铝箔仿银制成的特殊壁纸，具有光亮华丽的效果。具有不变色、不氧化、不腐蚀、可擦洗等优点。繁富典雅、高贵华丽，这是金属壁纸带给我们的感觉。在家居环境中不宜大面积使用，适当地加以点缀，就能不露痕迹地营造出一种炫目和前卫的氛围。

金属壁纸

装饰茶镜

大理石踢脚线

密度板造型隔断

木纹大理石

实木地板

皮革软包

灰镜装饰条

陶瓷马赛克

木质装饰线描金

白枫木窗棂造型隔断

米黄色洞石

镜面马赛克

红樱桃木饰面板

白色仿古砖

植绒壁纸

皮革装饰硬包

羊毛地毯

泰柚木饰面板

不锈钢条

木纹大理石

车边银镜

米黄色大理石

仿古砖

艺术地毯

皮纹砖

深咖啡色网纹大理石波打线

黑色烤漆玻璃

胡桃木格栅吊顶　　　　　　　　仿古砖

木纹大理石　　　　　　　　　　石膏板拓缝

手绘墙饰　　　　　　　　　　　银镜装饰条

木纤维壁纸的特点

木纤维壁纸是毒性最小的材料，现代木纤维壁纸的主要原料都是木浆聚酯合成的纸浆，不会对人体造成危害。木纤维壁纸有着较强的环保性和透气性，使用寿命也是最长的，堪称壁纸中的极品。其哑光型光泽柔和自然，易与家具搭配，且花色品种繁多。

白枫木窗棂造型

米色网纹大理石

木纤维壁纸

木质搁板

装饰银镜

密度板雕花贴黑镜

米黄色洞石

茶镜装饰条

无纺布壁纸

木纹大理石

黑色烤漆玻璃

车边银镜

黑色烤漆玻璃

黑色烤漆玻璃

雕花银镜

陶瓷马赛克   爵士白大理石

红砖

有色乳胶漆

茶红色镜面玻璃

石膏装饰线

密度板混油

密度板造型隔断

中花白大理石

植绒壁纸

红樱桃木装饰线

植绒壁纸

装饰灰镜

艺术地毯

米黄色洞石

米黄色大理石

灰镜装饰条

直纹斑马木饰面板

胡桃木装饰线

木质格栅隔断

木纤维壁纸的选购

1.闻气味。翻开壁纸的样本，特别是新样本，凑近闻其气味。木纤维壁纸散出的是淡淡的木香味，几乎闻不到其他工业原料的气味，如有异味则说明绝不是用木纤维制成的。

2.用火烧。这是最有效的办法。木纤维壁纸燃烧时不会产生黑烟，就像烧木头一样，燃烧后留下的灰尘也是白色的。如果冒黑烟、有臭味，则有可能是PVC材质的壁纸。

3.做滴水试验。在壁纸背面滴几滴水，看是否有水汽透过纸面。如果没有，则说明这种壁纸不具备透气性能，绝不是木纤维壁纸。

4.用水泡。把一小部分壁纸泡入水中，再用手指甲刮划壁纸表面和背面，看其是否褪色或泡烂。真正的木纤维壁纸特别结实，并且因其染料为天然成分，所以不会轻易脱色。

白枫木窗棂造型

白枫木装饰线

木质搁板

米色网纹大理石

木质踢脚线

白枫木饰面板

金属壁纸

水曲柳饰面板

皮纹砖

白枫木装饰线

红樱桃木饰面板

米色玻化砖

皮纹砖

混纺地毯

木质格栅

桦木饰面板

白枫木饰面板

木纹大理石

木纹大理石

石膏装饰角线

车边灰镜

米色玻化砖

密度板雕花贴黑镜

陶瓷马赛克   密度板造型贴茶镜

黑色烤漆玻璃

陶瓷马赛克

米黄色洞石

车边银镜

米色亚光玻化砖

纯纸壁纸

银镜装饰条

米黄色网纹大理石

无纺布壁纸

米色玻化砖

植绒壁纸的特点

　　植绒壁纸既有植绒布所具有的美感和极佳的消声、防火、耐磨等特性，又具有一般装饰壁纸所具有的易粘贴的特点。植绒壁纸质感清晰、柔感细腻、密度均匀、牢度稳定且安全环保。相较 PVC壁纸，植绒壁纸不易打理，尤其是劣质的植绒壁纸，一旦沾染污渍，很难清洗，如果处理不当，壁纸则无法恢复原样，所以在选择植绒壁纸时，需要格外注重壁纸的质量。

植绒壁纸

米色玻化砖

银镜装饰条

米黄色大理石

红色烤漆玻璃

金色琉璃玻璃

木纹大理石

爵士白大理石

PVC壁纸

陶瓷马赛克

银镜装饰条

密度板造型

爵士白大理石

水曲柳饰面板

银镜装饰条

艺术地毯

石膏板拓缝

陶瓷马赛克

黑白根大理石装饰线

黑色烤漆玻璃

灰白色洞石

陶瓷马赛克

实木地板的选购

实木地板是天然木材经烘干、加工后形成的地面装饰材料。它呈现出的天然原木纹理和色彩图案，给人以自然、柔和的质感，富有亲和力，而且它冬暖夏凉、触感好。不同的木质具有不同的特点，有的偏软、有的偏硬，选择实木地板的时候可以根据生活习惯来确定木种。

购买实木地板时，建议选择品牌信誉好、售后佳的知名企业。保修期限是购买实木地板非常重要的一个指标，凡在保修期内发生的翘曲、变形、干裂等问题，由厂家负责修、换，可免去消费者的后顾之忧。还要注意选择合适的尺寸。建议选择中短长度的地板，因为这种长度的地板不易变形，长度、宽度过大的木地板相对容易变形。

奢华型客厅

艺术地毯

米色抛光墙砖

石膏装饰角线

实木地板

车边茶镜

红樱桃木饰面板

米黄色大理石

PVC壁纸

黑金花大理石踢脚线

木质装饰线

仿木纹亚光玻化砖

车边银镜

仿古砖

木质窗棂造型贴银镜

啡金花大理石装饰线

艺术地毯

中花白大理石

木纹大理石

密度板雕花

皮纹砖

车边茶镜

米色玻化砖　　　纯纸壁纸

米色大理石

黑白根大理石饰面立柱

实木雕花

红樱桃木饰面板

爵士白大理石

艺术地毯

车边银镜

米色网纹亚光玻化砖

白枫木装饰线

黑金花大理石装饰线

密度板雕花吊顶

啡金花大理石

软木地板的特点

　　软木地板被称为"地板的金字塔尖上的消费"，主要材质是橡树的树皮，与实木地板相比更具环保性、隔声性、防潮效果也更佳，具有弹性和韧性。软木地板非常适合有老人和幼儿的家庭使用，它能够产生缓冲，降低人们摔倒后的伤害程度。不用拆除旧地板，便可以铺设。软木地板的质量优劣，主要是看是否采用了更多的软木。软木树皮可分成几个层面，最表面的是黑皮，也是最硬的部分，黑皮下面是白色或淡黄色的物质，很柔软，是软木的精华所在。

　　软木地板相对其他类型的地板更具艺术性。它通常可以搭配各种各样的图案和颜色，软木地板的图案颜色可以跟其他摆设融为一体，让居室显得更加美观、整齐。

红松木板吊顶

木质装饰线描银

彩色釉面墙砖

木质踢脚线

胡桃木饰面板

陶瓷马赛克

米色大理石

实木地板

车边银镜

木纹大理石

木质装饰横梁

砂岩浮雕

金属壁纸

木质装饰线描金

车边银镜

金属壁纸

混纺地毯

红樱桃木饰面板

黑色烤漆玻璃

密度板雕花贴灰镜

仿古砖

车边银镜

纯纸壁纸

密度板雕花贴茶镜

胡桃木装饰线

装饰银镜

车边灰镜

皮纹砖

雕花银镜

陶瓷马赛克

金属壁纸

车边银镜

深咖啡色网纹大理石波打线

羊毛地毯

板岩砖的特点

　　由于其结构特点，天然板岩的薄厚不能完全一致，不能像瓷砖一样铺设得特别平实，而板岩砖的出现改善了这一情况。板岩砖是瓷砖的一种，根据加工方式的不同分为陶瓷砖及石英砖两种，表面具有类似板岩的粗犷效果。板岩砖的颜色分布比天然板岩均匀。板岩砖吸水率低，硬度高，耐磨、耐酸碱，可以使用各种清洁剂进行清理。

艺术地毯

黑镜装饰条

木质踢脚线

皮纹砖

皮革软包

密度板雕花隔断

木纹大理石

米黄色大理石

泰柚木饰面板

黑镜装饰条

PVC壁纸

米黄色玻化砖

灰镜装饰条

不锈钢条

木质窗棂造型贴银镜

米黄色亚光玻化砖

灰白色网纹玻化砖

白松木格栅吊顶

米黄色网纹大理石

雕花茶镜

大理石装饰浮雕

泰柚木饰面板

密度板混油

陶瓷马赛克

车边银镜

仿古砖

仿木纹墙砖

大花白大理石

雕花烤漆玻璃

米黄色玻化砖

密度板雕花隔断

车边银镜

灰白色网纹玻化砖

木纹大理石

皮革软包